SOCIÉTÉ CENTRALE DE MÉDECINE VÉTÉRINAIRE

Rue de Lille, 41. — Paris.

NOTES
Pour servir à l'Histoire
DE LA
MÉDECINE VÉTÉRINAIRE
EN FRANCE

DISCOURS

Prononcé le 27 Octobre 1892, dans la Séance Solennelle de la Société Centrale de Médecine Vétérinaire

PAR

M. Paul CAGNY

Membre de la Société centrale de Médecine vétérinaire,
De la Société de médecine pratique de Paris,
Membre honoraire de la Société vétérinaire d'Alsace-Lorraine,
De la Société vétérinaire du Grand-Duché de Bade,
De la Société vétérinaire Suisse,
De la Société médicale du Grand-Duché de Luxembourg,
Du Collège royal vétérinaire de la Grande-Bretagne.

PARIS
TYPOGRAPHIE & LITHOGRAPHIE A. MAULDE & Cie
144, RUE DE RIVOLI, 144
1892

NOTES

Pour servir à l'Histoire

DE LA

MÉDECINE VÉTÉRINAIRE

EN FRANCE

PAR

M. Paul CAGNY

Messieurs,

Prendre la parole dans vos séances solennelles fut, pendant de longues années, le privilège de votre secrétaire général; en me laissant aujourd'hui, pour la seconde fois l'honneur de parler au public vétérinaire en votre nom, notre secrétaire-général actuel me donne une nouvelle preuve de sympathie (et ce n'est pas la moindre), dont je dois tout d'abord le remercier devant vous. C'est une obligation dont je m'acquitte très sincèrement.

Notre Société devant célébrer son cinquantenaire dans deux ans, votre bureau a pensé qu'il vous paraîtrait intéressant d'entendre aujourd'hui comme préface des discours qui seront prononcés à cette époque, un résumé de l'Histoire de la médecine vétérinaire en France. C'est ce que je vais essayer de faire.

Il y a cinquante ans, Messieurs, au moment où notre Société allait se fonder, voici quelles étaient les théories admises en pathologie :

Les maladies contagieuses sont celles qui ont la propriété de se transmettre au moyen d'un élément contagieux appelé virus lorsqu'il est solide ou liquide, et miasme lorsqu'il est gazeux. Ces maladies peuvent se developper spontanément dans des conditions peu ou pas connues, il est vrai; mais la spontanéité n'en est pas moins évidente. La liste de ces maladies n'est pas la même pour tous les professeurs. Delafond, par exemple, qui devait à la fin de sa vie connaître le bacille charbonneux (1), dit dans ses leçons que les maladies charbonneuses sont dues aux grandes et longues chaleurs de l'été succèdant aux longues périodes de pluie; elles ne se transmettent par contagion qu'autant que les animaux bien portants cohabitent ou séjournent un certain temps avec les animaux malades; pour lui la péripneumonie gangreneuse est probablement contagieuse, mais les faits prouvant la contagion manquent, il en est de même pour la fièvre aphteuse; la gale est due aux mauvaises conditions hygiéniques, humidité, pauvreté des fourrages, et par une de ces contradictions comme on en trouve à chaque instant dans l'étiologie de toutes les maladies à cette époque, le même professeur ajoute que sur le mouton et le chien, elle est due surtout à l'obésité et à l'embonpoint; le virus existe dans la sérosité des vésicules. Il ne parle pas encore des acares qui lui fourniront plus tard le sujet de travaux remarquables.

---

(1) *Éloge de Delafond*, par H. Bouley (Séance de la Société Centrale, du 24 octobre 1884).

Pour la gourme : la dentition, les intempéries sont les causes qui la font naître successivement sur les chevaux soumis en même temps à leur action et font croire à la transmission de la maladie, mais c'est une erreur; « non, dit-il, la gourme n'est point contagieuse (1) ».

L'identité de la morve et du farcin est reconnue; la morve et le farcin aigus peuvent se transmettre, mais la *morve chronique n'est pas contagieuse* ni le farcin chronique. Toutes les expériences citées sont sans valeur aux yeux de Delafond qui ajoute : « Parmi les « nombreuses maladies à type chronique de nos ani- « maux domestiques en rencontre-t-on une seule qui « soit évidemment contagieuse? *Aucune*, que nous « sachions. Or, pourquoi la morve ferait-elle excep- « tion ? »

Voilà quelles étaient vers 1840 les théories professées par les maîtres qui s'appellaient Bouley, Delafond, Renault.

Avec nos idées actuelles sur ce que nous croyons être les causes exactes des maladies contagieuses, il peut nous paraître étonnant que des hommes comme ceux-là aient pu mettre tant de passion à professer, et à défendre des hypothèses qui nous paraissent si peu justifiées.

C'est que la médecine fait partie du groupe des sciences naturelles dans l'étude desquelles l'imagination pure joue encore un trop grand rôle. L'interprétation des phénomènes physiologiques et patholo-

(1) Delafond. *Traité sur la police sanitaire des animaux domestiques*, 1838. Paris. Page 749.

giques ne peut pas se faire avec la même rigueur scientifique qu'en physique, et en chimie par exemple, par ce que les faits qui servent de base aux théories ne peuvent pas toujours être établis eux-mêmes avec une certitude scientifique suffisante de tous les détails. Tout se tient dans les choses de l'intelligence et l'on peut dire qu'il y a une corrélation évidente entre l'état de la médecine d'une époque, et celui des mœurs, de la littérature, des beaux-arts, de la civilisation en général de cette époque. Cuvier, à l'aspect d'une dent d'un animal fossile pouvait deviner l'anatomie de l'animal entier, de même de nos jours un historien suffisamment érudit, après la lecture d'une œuvre littéraire ancienne pourrait nous donner des indications générales sur les idées scientifiques et artistiques des contemporains de l'auteur. Je me suis proposé de vous montrer aujourd'hui la marche parallèle de la civilisation et de la médecine vétérinaire en France.

A. — TEMPS PRIMITIFS

1° GAULE INDÉPENDANTE

Avant la conquête romaine, on trouve dans la Gaule indépendante une civilisation originale et des coutumes dont les traces persistent dans certaines dispositions de notre Code civil (1). La distinction des habitants en quatre classes : esclaves, peuples, nobles et prêtres

(1) A. Rambaud. — *Histoire de la Civilisation française*, tome I, 4e édition, Paris, 1889.

était compatible avec une agriculture florissante. Nous manquons de documents exacts sur la médecine vétérinaire de cette époque, mais nous savons que les Gaulois se servaient de la charrue à roues avant les Italiens; les Séquaniens renommés comme excellents éleveurs de porcs, exportaient leurs jambons en Italie; les fromages de Nîmes et du Gévaudan étaient recherchés dans tout le monde antique; l'armée celtique, qui 280 ans avant Jésus-Christ, vint jusqu'en Grèce, se composait de 150,000 fantassins et de 60,000 cavaliers.

La déesse Eponine représentée sous la forme d'une femme assise sur une jument vigoureuse était la protectrice des chevaux.

Tout cela nous permet de supposer des méthodes d'élevage déjà perfectionnées et complétées par un ensemble de connaissances médicales.

Les Druides n'étaient pas seulement des prêtres mais aussi des médecins adonnés à l'étude des plantes; ils connaissaient les propriétés thérapeutiques de la jusquiame, du selage (1), du samolus (2), de la verveine et surtout du gui de chêne « la plante qui guérit tous les maux »; armés de faucilles d'or, ils le cueillaient en grande solennité le sixième jour de la dernière lune d'hiver.

L'étymologie de samolus : *san*, salutaire, et *mos*, porc, nous apprend que cette plante était alors considérée comme un spécifique de toutes les maladies des porcs. Il est admis par les archéologues que chez les

---

(1) *Athamante des Cerfs* ou *Ache sauvage*.

(2) *Samolus valerandi*, vulgairement *Mouron d'eau*.

Gaulois il y avait des ferreurs de chevaux. Les fers de cette époque (1), étaient petits, étroits, à bords festonnés. Les étampures longitudinales recevaient des clous dont la tête en forme de clef de violon servait de crampon auxiliaire. Quiquerez a trouvé un de ces fers, qui probablement, date du VIe siècle avant l'Ère chrétienne.

2° GAULE ROMAINE

Pendant la domination romaine l'aristocratie gauloise recherche les dignités, soit à Rome même, soit dans les cités, abandonnant les campagnes aux colons. L'agriculture n'en est pas moins très prospère; à l'imitation des Grecs et des Romains les animaux sont soignés suivant les indications des hippiatres.

L'un des nôtres, M. Moulé, nous a fait sur la médecine de ce temps une série de lectures des plus intéressantes (2) qu'il me suffira de résumer. Si la physiologie n'existe pas encore, l'anatomie comparée d'Aristote est déjà une œuvre réellement scientifique; les augures, les aruspices qui prédisaient l'avenir après examen des entrailles des victimes, les sacrificateurs qui se basaient sur l'état normal des viscères pour laisser consommer le sacrifice devaient posséder quelques notions d'anatomie pathologique. C'est vraisemblablement d'après leurs conseils que Vitruve recommande d'examiner le foie des animaux d'une contrée avant de s'y établir; la présence de kystes hydatiques, de

---

(1) MÉGNIN. *Maréchalerie française*, Paris, 1867.

(2) MOULÉ. *Histoire de la médecine vétérinaire dans l'antiquité*, in *Bulletin de la Société centrale de médecine vétérinaire*, 1890-1891.

douves étant l'indice d'un climat humide, d'un sol marécageux et de mauvaises conditions hygiéniques. Aristote, se basant sur l'apparition des dents de remplacement, avait montré le moyen de reconnaître l'âge du cheval jusqu'à quatre ans et demi, et Varron tenant compte de la disposition de la cavité dentaire, donne des indications sur l'âge jusqu'à sept ans.

Les livres d'hippiatrique contiennent des détails intéressants sur les principales maladies des animaux domestiques : chevaux, bœufs, moutons, chiens, éléphants, cerfs, chameaux, volailles, poissons, abeilles. Les animaux féroces qui combattaient dans les cirques avaient leurs guérisseurs. Parmi les maladies dont les auteurs de cette époque nous ont laissé la description, citons : la gourme, les angines, les maladies de poitrine, les entérites et surtout les blessures des harnais (maux de garrot et maux de reins) et les affections du pied. Les chirurgiens vétérinaires pratiquaient souvent les saignées, la cautérisation, la castration des mâles et des femelles. Les maladies contagieuses comme la rage, la gale, la morve, les charbons, la peste bovine et le rouget du porc étaient connues. Il y eut, entre autres, dans les Gaules, une forte épizootie de typhus en l'an 376 de notre ère. En relisant les descriptions qu'ils nous ont laissées, on s'aperçoit que tous ces auteurs ont souvent confondu, sous le nom de peste de mal sacré, des maladies différentes comme le charbon, le typhus contagieux, l'ergotisme et les anémies observées à la suite des années trop humides ou des années de disette.

Columelle et Végèce indiquent comme mesures de police sanitaire : l'isolement, le cantonnement, l'émigration, l'interdiction des pâturages, l'abatage des malades et l'enfouissement profond des cadavres.

La thérapeutique était surtout basée sur l'emploi des plantes locales ou exotiques. Les breuvages médicamenteux étaient versés dans la narine gauche au moyen d'une corne creuse. On connaissait l'usage des lavements, des mastigadours, des cataplasmes, des frictions avec des onguents, des bains, les avantages de la diète, des mélanges de foin haché et de son, des barbotages.

Des fouilles faites, il y a quelques années, auprès de Senlis, dans la forêt d'Hallatte, nous prouvent que les prêtres d'Esculape étaient alors consultés pour donner des soins aux animaux malades aussi bien qu'aux hommes (Voir *Note additionnelle* n° 1).

3° GAULE FRANQUE

A la domination franque correspond une période relative de barbarie, exception faite pour le règne de Charlemagne. Les rois et les chefs francs vivent à la campagne plus que dans les cités. Mais leur manière de comprendre la vie rurale n'est pas faite pour favoriser l'agriculture ; semblables aux chefs des peuples pasteurs, ils s'installent avec leur suite dans une de leurs *villæ*, épuisent les provisions qu'on a accumulées pour eux et vont ensuite vivre dans une autre. A ce moment, une vache ne valait qu'un sou d'or alors qu'une cuirasse en valait douze ; un cheval coûtait moins cher que son mors. Dans de telles conditions sociales, on ne pouvait songer à soigner les animaux domestiques.

L'exercice de la médecine et de la maréchalerie est peu à peu abandonné aux esclaves, à mesure que les vétérinaires acquièrent des situations honorifiques à la Cour du Roi, comme le maréchal Eloi qui devint premier ministre de Dagobert. Mais ce qui nous prouve l'importance attachée antérieurement à leurs premières attributions, c'est qu'ils conservent leurs titres dans leurs nouvelles fonctions : le surveillant des écuries le comte de l'Étable *(comes stabuli)* devient le connétable de l'armée ; actuellement encore dans les pays qui ont conservé le gouvernement monarchique, nous voyons parmi les hauts dignitaires, des *Maréchaux du palais*, qui ne s'occupent guère de maréchalerie.

B. — MOYEN-AGE

FRANCE FÉODALE

Pendant le régime féodal, les croisades ont une influence à signaler au point de vue vétérinaire, d'abord parce que, en rendant plus intimes les rapports entre le noble et le roturier, elles ont facilité le progrès agricole, mais surtout parce qu'elles ont fait connaître et apprécier aux chevaliers les résultats de l'expérience acquise par les Arabes dans l'élevage et dans les soins à donner au cheval. Ce que nous nommons aujourd'hui l'*Extérieur du cheval* est emprunté aux Arabes ; les mots qui servent à désigner sa couleur sont presque tous d'origine arabe. Malheureusement les désastres de la *guerre de cent ans* arrêtent le progrès commençant et les paysans renoncent bien vite à acheter et la liberté et la terre qu'ils cultivent.

Le christianisme avait eu pour résultat de remplacer le matérialisme grossier de la fin de l'empire romain par le mysticisme et le goût de l'idéal. C'était un progrès évident au point de vue général ; mais, en ce qui concerne la médecine et surtout la médecine vétérinaire, ce fut une cause de recul. Les hypothèses plus ou moins séduisantes prennent alors la place de l'observation calme et patiente ; l'influence des Arabes et de leurs théories médicales ne fait qu'aggraver cet état de choses. C'est à eux que l'on doit cette polypharmacie dont nous ne nous sommes pas encore débarrassés complètement.

Lorsqu'on avait recours à une médication simple, elle était dictée par la superstition. La rage se guérissait après une cautérisation avec la clef de Saint-Hubert ; pour guérir un mouton du muguet, un bâton de sureau fendu en croix était mis dans la bouche du malade et placé ensuite dans un endroit bien sec ; l'animal devait guérir à mesure que le bâton se desséchait.

Les guérisseurs n'avaient conservé que les remèdes bizarres de la thérapeutique gallo-romaine, comme : la crasse des bains, la saumure, la bile, les décoctions d'intestins de porcs, les râclures de corne de sabot, etc. Lafosse nous a laissé une liste assez curieuse des préjugés qui s'étaient perpétués jusqu'à son époque, où certains maréchaux soutenaient que le cheval n'a pas de cerveau (Voir *Note additionnelle* n° 2).

Cependant, en 1379, Jehan de Bry fait paraître le

résultat de ses observations sous le titre de : *Vray régime et gouvernement des bergers*. C'est à peu près le seul ouvrage vétérinaire à citer dans cette période.

C. — TEMPS MODERNES

1° RENAISSANCE

Au moment de la Renaissance, on constate un léger progrès; l'opinion publique commence à se préoccuper des choses agricoles. En 1554, Liébault publie la *Maison rustique*, et Olivier de Serres fait paraître en 1600 le *Théâtre d'agriculture et Ménage des champs;* ces auteurs donnent des instructions intéressantes sur ce que nous nommons maintenant l'hygiène et la zootechnie des animaux domestiques; mais le moment n'est pas encore venu de s'occuper de leurs maladies. Puis avec les reines italiennes et espagnoles, le goût de l'équitation se développe, les écuyers se préoccupent alors des soins à donner à leurs animaux, et l'on trouve des indications à cet égard dans leurs ouvrages. Mais il ne s'agit, bien entendu, que des animaux destinés aux plaisirs de la noblesse : chevaux, chiens de chasse, oiseaux de proie, et c'est dans les traités de vénerie qu'il faut chercher des notions vétérinaires. Les autres animaux domestiques ne méritent pas encore l'attention des écrivains.

La manière de comprendre la responsabilité dans les cas d'accidents causés par les animaux domestiques était encore fort différente de celle admise aujourd'hui. Lorsqu'un animal avait blessé une personne, il y avait bien responsabilité de la part du propriétaire; mais en même temps l'animal auteur de la blessure était appelé devant le tribunal, condamné à mort, s'il y avait lieu, et exécuté avec les formalités usitées pour les criminels humains. Je reproduis à la fin de cette étude l'un des derniers jugements de cette sorte; il est de 1544 et est relatif à une truie condamnée à mort par le bailli de Senlis pour avoir dévoré « une jeune fille de quatre mois ». (Voir *Note additionnelle* n° 3).

Ce mode de réparation du dommage causé par les animaux remonte à la plus haute antiquité; il en est question dans l'*Exode,* ch. XXI.

« § 28. — Si un bœuf frappe de la corne un homme « ou une femme, et qu'ils en meurent, le bœuf sera « lapidé et on ne mangera pas de sa chair, mais le « maître du bœuf sera jugé innocent.

« § 29. — A moins qu'il n'y ait déjà quelque temps « que le bœuf frappait ainsi et que le maître ne l'ait « point enfermé après avoir été averti » (1).

Le roi Louis XIII aimant beaucoup la chasse au faucon, ce divertissement devint fort à la mode sous son règne; c'est ce qui nous a valu la publication du *Traité de Fauconnerie* de d'Arcussia, dans lequel nous trouvons (pour la première fois, à ma connaissance) un essai de classification des maladies. Il est spécial aux oiseaux de fauconnerie et est inspiré par les théories médicales de Galien. (Voir *Note additionnelle* n° 4).

(1) MOULÉ. *Histoire de la Médecine vétérinaire.*

Le livre de d'Arcussia contient des passages intéressants au point de vue vétérinaire : c'est ainsi que j'y ai trouvé au chapitre de la *Mulette empelotée*, la première description de l'œsophagotomie. Les oiseaux dont les ailes ont été blessées ont un vol irrégulier qui les rend plus difficilement utilisables; d'Arcussia indique comment on peut remédier à ces *boiteries* spéciales en coupant certaines plumes, en soudant à d'autres des fragments empruntés à un autre oiseau.

2° FRANCE MONARCHIQUE

L'établissement de la monarchie et la création de l'unité française ne furent pas d'abord favorables à l'Agriculture et à la Médecine vétérinaire. Henri IV avait dit, il est vrai : « Si l'on ruine mon peuple, qui soutiendra les charges de l'État? » Mais les nécessités politiques rendaient tous les jours les besoins d'argent plus grands et puis l'opinion publique ne se préoccupait pas encore des questions agricoles. C'est inutilement que sous Louis XIV, Fénelon, La Bruyère, Vauban essayent de faire connaître la situation malheureuse des classes rurales. Ceci explique pourquoi la médecine vétérinaire ne progresse pas. Des hommes comme Solleysel (1664), et ses continuateurs Saunier (1730), Garsault (1732), La Guérinière (1739), bons observateurs habitués à voir les chevaux, publient des observations consciencieuses, que l'on peut encore consulter aujourd'hui. Ils arrivent par la pratique à reconnaître en chirurgie les bons effets des médicaments comme les sels de cuivre et de mercure que nous appelons maintenant des antiseptiques, mais en médecine, ils restent fidèles à la polypharmacie des Arabes. Leurs écrits, qui acquièrent une grande réputation, ne parlent que des animaux de luxe et sont surtout consacrés à l'étude et au traitement des boiteries du cheval. Le bétail proprement dit, les animaux de culture sont soignés par des maréchaux adonnés aux pratiques superstitieuses que j'ai signalées. Aussi la médecine vétérinaire à cette époque est-elle tout à fait indépendante de la médecine humaine. De toutes les théories médicales successivement adoptées dans les Universités, la mécanico-dynamique d'Hoffmann et l'iatromécanisme de Boerhave, avaient seules chances d'être comprises et adoptées avec l'empirisme. Les travaux de G. Harvey sur la circulation du sang, l'examen des désordres cadavériques confondus le plus souvent avec les lésions pathologiques lors de l'ouverture du corps des animaux morts de maladies rendaient bien vraisemblable la théorie iatro-mécanique qui a l'avantage de parler aux sens. Les principales causes des maladies sont les altérations des solides ou des liquides du corps, les modifications vicieuses de la tonicité, de l'élasticité ou de la contractivité des tissus d'une part ; les altérations de la densité, de la fluidité ou de la vélocité des fluides d'autre part. La thérapeutique est basée sur les connaissances mécaniques, hydrauliques et chimiques (1) :

« Toute la science consiste à rendre aux solides leur « degré naturel de tonicité, d'élasticité et de force ; à « maintenir libre et facile le cours des divers fluides ;

(1) Ed. Aubert. *Traité de la science médicale.* (Histoire et Dogmes). — G. Baillière, 1853. Paris.

« à prévenir les dépôts ou les engorgements qu'ils « pourraient former en s'amassant; à délayer ou à « épaissir le sang selon qu'il est chargé de parties « rouges, ou dissous dans une sérosité trop abondante « ou morbide; à atténuer ou à épaissir la lymphe; à « régulariser la circulation des liquides et à les main- « tenir dans une bonne température ». C'est alors que l'on apprécie trop les avantages des larges émissions sanguines que l'on pouvait pratiquer en 60 points différents du corps du cheval.

Le règne de Louis XIV est caractérisé au point de vue intellectuel par l'absence du sentiment véritable de la nature, et par la recherche et la perfection de la forme. Si le roi se plaît à Versailles, c'est que Le Nôtre y a créé cette nature étrange et si peu *naturelle* du parc de Versailles, qui devait être à la mode pendant plus d'un siècle. C'est en vain que l'on cherche un paysagiste parmi les grands peintres de cette époque, leurs chevaux et leurs chiens sont copiés sur ceux de l'antiquité. La littérature de ce temps est vide d'idées nouvelles; c'est sur un fond de lieux communs de moralité appartenant à tous les âges que Bossuet arrondit ses périodes, que Racine étudie les passions humaines.

Au XVIIIe siècle et surtout à partir du règne de Louis XV, les choses changent. Remarquons en passant que ce siècle n'est pas seulement l'époque des soupers fins et des femmes faciles; il est caractérisé au contraire, par l'opposition entre la vie de plaisirs des classes riches d'une part, et d'autre part, par la vie de travail opiniâtre, de quelques esprits indépendants, qui préparent la Révolution. Des efforts sont faits pour améliorer l'agriculture; telle ferme louée 1,800 livres en 1709, en vaut 2,600 en 1746 et en vaudra 3,800 en 1784.

L'*Encyclopédie* de 1750 consacre de bons articles à la culture. En 1767, Mirabeau et Dupont de Nemours font paraître le *Journal de l'agriculture, du commerce et des finances*, la *Société d'agriculture* de Bretagne a été fondée en 1756, et celle de Laon en 1761. Après les épizooties de 1714, 1739 et 1745 le gouvernement a pris une série de mesures préventives. Mais ce qui prouve le changement dans les idées et un sentiment plus vrai de la nature c'est l'apparition et le succès des paysagistes, puis des peintres de chasses et d'animaux, comme Desportes, Oudry et Carle Vernet si justement renommé par ses tableaux de chevaux et de chiens. Au théâtre, le public cesse de s'intéresser aux malheurs de Britannicus et de Clytemnestre; les personnages sont des paysans qui se nomment Annette et Lubin, et ne s'expriment plus en vers pompeux; ils parlent la langue populaire. Et ce n'est pas un mouvement factice, le goût pour le réalisme se continuera jusqu'à la fin du siècle, il sera favorisé par Rousseau et les encyclopédistes. La seconde édition de la *Maison rustique* a paru en 1721, la troisième sera publiée en 1790. Le Ministère demande en 1771 à Saboureux de la Bonneterie une traduction des anciens ouvrages relatifs à l'agriculture et à la médecine vétérinaire. Les Lafosse font faire de grands progrès à la maréchalerie.

Avant que Louis XVI fasse de la serrurerie aux Tuileries, que Marie-Antoinette soit laitière à Trianon, les grands seigneurs et les grandes dames se déguisent en laquais et en soubrettes pour dîner au cabaret des Porcherons et y parler le patois normand. Comme Rousseau tout le monde est : « ami de la nature ».

C. — ÉPOQUE ACTUELLE

1° FONDATION DES ÉCOLES VÉTÉRINAIRES

L'idée émise par Bourgelat pour la fondation des Écoles vétérinaires arrivait donc dans un moment favorable. Faute d'un enseignement de l'histoire de la vétérinaire le rôle de Bourgelat dans cette création paraît assez mal connu dans notre pays. Croire que la médecine vétérinaire date seulement de Bourgelat et de Lafosse serait une erreur. La science telle quelle fut alors enseignée était le résultat du travail de toutes les générations qui se sont succédées depuis l'origine de la civilisation, chaque génération profitant de l'expérience acquise par les précédentes, et augmentant à son tour la somme des connaissances acquises. Personne, en effet, n'a jamais eu le pouvoir de déterminer d'emblée, un mouvement intellectuel; la puissance et la force des grands créateurs tiennent non pas à ce qu'ils suscitent ce mouvement en donnant la vie à quelque chose qui n'existait pas avant eux, mais à ce que, résumant des réalités, ils concentrent en eux ce mouvement, ils donnent un signal que tout le monde attendait, et ils indiquent un point de ralliement que tout le monde cherchait.

Solleysel, Saunier, Garsault, La Guérinière, les Lafosse étaient plus vétérinaires que Bourgelat, ils ont formé des élèves, ils ont publié des ouvrages qui se sont répandus dans toute l'Europe, pourquoi n'ont-ils pas fondé des Écoles ? C'est que les premiers sont venus trop tôt, ils ont vécu à une époque où l'on ne comprenait pas suffisamment l'utilité de la médecine des animaux.

Quant aux Lafosse contemporains de Bourgelat, leur rang dans la hiérarchie sociale de ce temps-là ne leur permettait pas d'être écoutés par le Gouvernement. Du reste, dans son projet, Lafosse fils voulait que la médecine des animaux autres que le cheval fût abandonnée aux empiriques et aux bergers (1).

Bourgelat, lui, appartenait à la noblesse, voilà pourquoi, grâce à ses relations avec Bertin, il a pu créer l'École vétérinaire de Lyon, en 1762. Il n'a jamais fait lui-même de cours aux élèves des Écoles, car il était noble ; et « d'après les préjugés existants en « France, il ne convenait pas à un homme de son « rang de remplir les fonctions de professeur (2). » Le titre d'*écuyer* porté par le fondateur des Écoles vétérinaires indique qu'il appartenait à la classe des *anoblis*. Pour être alors vraiment *gentilhomme*, il fallait compter quatre *quartiers* de noblesse.

Certes, peu après leur fondation, les Écoles vétérinaires ont passé par des moments difficiles ; elles ont subsisté quand même, car la Révolution devait

---

(1) *Dictionnaire d'Hurtrel d'Arboval*, édition de Zundel, 1877. Paris.

(2) *Histoire abrégée de l'École vétérinaire de Copenhague*, par P.-C. Abildgaard, in *Instructions vétérinaires* de Chabert, t. V, 3e édition.

avoir pour résultat d'augmenter le progrès agricole, qui les rendait nécessaires. La vente des biens nationaux avait, en effet, pour conséquence la formation d'une démocratie rurale appelée à jouer un rôle prédominant dans notre histoire à partir de ce moment.

Après Bourgelat, la médecine vétérinaire, qui jusque-là avait été successivement la médecine de la *superstition* et de l'*empirisme*, entre dans la période *scientifique*. Et alors, pour se mettre au niveau de la médecine humaine, les maîtres essaient successivement toutes les théories médicales parues depuis Hippocrate : naturisme, méthodisme, galénisme, iatro-chimie, humorisme, anémisme, vitalisme, etc., etc. Mais la doctrine de l'*irritation* due à Broussais devait avoir proportionnellement plus de partisans en vétérinaire que les autres parce que, préconisant la méthode antiphlogistique et la saignée, elle se rapprochait de l'iatromécanisme admis jusque-là et accepté par la masse des possesseurs d'animaux; et parceque, simplifiant le traitement pharmaceutique, elle était pour les élèves instruits dans nos Écoles un progrès apporté à l'empirisme de Solleysel et des hommes dont ils étaient bien obligés de reconnaître la grande expérience. On abuse alors des saignées de précaution. Il y avait des jours indiqués pour cette opération. Les bons jours étaient les 6, 11, 15, 17, 18, 21, 22, 23, 24, 25, 26 et 28 mai. Le 17 mai était le meilleur jour de toute l'année (1). Comme les médecins, les vétérinaires de ce temps méritent d'être appelés « *grands saigneurs* ».

---

(1) TRÉLUT. *De la Constitution médicale dans la Haute-Saône*, in *Bulletin de la Société centrale*, séance du 25 octobre 1883.

L'adoption de la théorie de Broussais eut pour conséquences : la négation du caractère contagieux de la plupart des maladies, pour certains, la rage devint « une gastrite avec envie de mordre » ; et l'emploi d'une nomenclature médicale un peu compliqué, pour quelques auteurs par exemple, les affections typhoïdes du cheval furent des « pneumo-gastro-entéro-spléno-hépatites » on y ajoutait même l'expression « néphro ».

C'est également à partir de ce moment que l'on voit la vétérinaire subir elle aussi l'influence alternative des deux tempéraments qui constituent le fond de notre caractère national. Certaines générations ont l'esprit calme et méthodique, elles parlent un langage simple, clair et correct, elles demandent à leurs artistes peintres ou sculpteurs la reproduction exacte de la nature avec ses beautés et ses défectuosités; leur médecine est basée sur la méthode expérimentale et sur l'observation consciencieuse; si ces générations sont les plus nombreuses, elles impriment leur cachet à toute leur époque; à d'autres moments, la suprématie appartient à des générations douées d'un esprit plus vif, plus impressionnable et plus mobile, aimant les belles phrases, poussant le goût des périodes sonores au point de préférer dans les livres la forme du style au fond des pensées, demandant à leurs artistes la reproduction partielle de la nature, avec l'exagération de ses beautés ou de ses laideurs, et, dans le domaine scientifique, remplaçant la méthode et l'observation par les conceptions idéales et nuageuses.

Fort heureusement pour les Écoles si Bourgelat, par son origine et son instruction, appartenait aux générations à imagination trop vive, il n'en était pas de même de ses contemporains les Lafosse et de ses élèves, les Chabert, les Flandrin, les Gilbert, etc., etc. Du reste, pendant la Révolution et le premier Empire, les *idéologues*, comme les appelait Napoléon Ier, n'étaient pas en faveur, c'était l'époque des hommes d'action. Aussi les travaux de ces maîtres sont des œuvres d'observation pure qui peuvent être encore consultées avec fruit de nos jours.

Ces hommes-là avaient bien l'esprit scientifique ; pour en avoir la preuve, il suffit de lire, par exemple, la Note sur *l'usage économique du sel marin ou de cuisine dans les aliments des animaux domestiques*, publiée en 1793 par Flandrin, professeur à l'École d'Alfort, et surtout le projet d'expériences qui termine ce travail. (Voir *Note additionnelle* n° 5.)

L'auteur constate les bons effets du sel marin, mais il se garde bien de faire des hypothèses pour expliquer l'action observée. Dans son projet d'expériences tout est indiqué et prévu suivant les préceptes de la méthode scientifique la plus rigoureuse, il n'oublie pas qu'avant de conclure il faudra répéter le plus souvent possible les épreuves de tous genres.

Après 1815, l'esprit public se modifie peu à peu, et nous voyons alors le style pompeux envahir nos ouvrages vétérinaires au détriment de l'exactitude scientifique. Il suffirait de relire attentivement l'histoire de la vie de deux des membres de notre Société, Bouley jeune et son fils Henri Bouley, pour se faire une idée exacte des variations de la médecine vétérinaire depuis Bourgelat jusqu'à nos jours.

Bouley jeune (1787-1855) était élève de Chabert, doué d'un grand tact médical, il se montre observateur sagace; si ses publications ont contribué à donner à notre profession le caractère scientifique qui lui manquait alors, c'est parce qu'il suit ses malades avec une scrupuleuse régularité, se levant la nuit pour se rendre compte de leur état et leur donner les soins nécessaires. Ses publications sont écrites clairement, mais simplement (1). Son fils, Henri Bouley (1815-1885), avait l'imagination plus vive, une instruction plus brillante, mais, à ses débuts surtout, il se laisse aller à l'amour des belles phrases.

Il devait plus tard simplifier son style, tout en conservant assez de vivacité d'imagination pour se faire le vulgarisateur de toutes les idées nouvelles, bonnes ou mauvaises.

2e PÉRIODE ROMANTIQUE

Le régime de l'internat tel qu'il est établi dans nos Écoles vétérinaires, devait être une cause d'arrêt au point de vue scientifique. La science ne gagne pas à être confondue avec la discipline. Le professeur, s'il est chargé de faire exécuter celle-ci, et s'il a le tempérament autoritaire, se laisse aller à exiger des élèves le même respect pour les théories qu'il leur enseigne, et pour les articles du règlement intérieur de l'École. Oubliant que les hypothèses scientifiques doivent être considérées comme de simples formules résumant l'ensemble des faits connus à l'époque où elles sont émises,

---

(1) *Élog. de Bouley jeune*, par H. Bouley, in *Bulletin de la Société centrale*, séance du 19 décembre 1875.

formules que l'on doit modifier si l'observation de nouveaux faits l'exige, il se croit en possession de la vérité, et se passionne pour son œuvre; il en arrive à considérer comme des indisciplinés et des révoltés les élèves qui ne paraissent pas suffisamment convaincus. C'est ce qui s'est passé à l'École d'Alfort à l'époque de Renault; ce fut le triomphe du *Dogmatisme* pur. On oublia que la science n'est réellement grande et admirable que du jour où elle est capable d'applications pratiques, et alors, une distinction s'établit entre la science et la pratique, et l'on fit de la science comme Alexandre Dumas faisait de l'histoire dans ses romans historiques. Un certain nombre de faits bien choisis servaient à élaborer une théorie plus ou moins séduisante qui était présentée comme un article de foi; quant aux observations aux faits contradictoires qui pouvaient être présentés par les praticiens, il n'y avait pas à en tenir compte; le raisonnement suffisait pour expliquer les causes et la nature des maladies.

Comme exemple de ce que j'appelle la *médecine romantique*, je citerai un article de H. Bouley sur la morve (1):

« Lorsque la composition du sang, dit l'auteur, se « trouve modifiée, altérée, viciée, il faut, en vertu « des lois qui président à la conservation de l'organisme, que le principe morbifique soit éliminé, il « faut un effort réactionnel, une crise en un mot qui « juge la maladie ou qui tend à ce résultat. »

---

(1) *De la morve, de sa nature et de sa contagion sous sa forme chronique*, par H. Bouley, in *Recueil de médecine vétérinaire*, 1843, p. 81.

Mais dans les maladies virulentes, ce n'est pas par les sécrétions naturelles que le principe morbide est évacué; il y a un lieu d'élection variable pour chaque maladie; c'est la peau pour la clavelée, ce sont les cavités nasales pour la morve aiguë. L'observation clinique justifie cette théorie :

« Examinez un cheval dans la période fébrile qui « précède l'éruption morveuse. Il est triste, abattu, « dans un état de faiblesse extrême. La tête baissée « et à l'extrémité de sa longe; il refuse tous les ali- « ments... Mais que l'éruption morveuse *vienne à se « localiser exclusivement sur la membrane du nez ou dans « le tissu cellulaire sous-cutané*, la scène changera « comme à vue d'œil. L'état de mieux être général « sera à l'instant même accusé par la gaîté, les hen- « nissements et l'appétence pour les aliments, la dis- « parition de la faiblesse musculaire et de l'accable- « ment des forces.

« A quoi est dû ce changement, si ce n'est à cette « crise à l'aide de laquelle l'élimination du germe « maladif s'est produite. »

La morve aiguë peut guérir complètement, il y a des exemples ; mais, le plus souvent, elle laisse après elle des lésions persistantes auxquelles on donne le nom de morve chronique ; mais ce n'est plus une maladie contagieuse « une fois que l'éruption virulente « s'est produite à la peau dans la clavelée et que les « pustules sécrètent du pus, la maladie perd ses pro- « priétés contagieuses ; de même, dans la morve « aiguë. » Les lésions persistantes sont plus graves à la suite de la morve qu'à la suite de la clavelée; c'est ce qui fait la différence de gravité des deux affections.

« A ce point de vue, ajoute Bouley, la morve chro-
« nique n'est pas, à proprement parler, la morve, si
« l'on entend par morve une maladie virulente, une
« maladie produite par la présence dans l'organisme
« d'un germe susceptible de la répéter ailleurs. La
« morve chronique est une maladie organique consé-
« cutive à la morve virulente. »

Tout cela, il faut le reconnaître, est assez vraisemblable.

Quant à la dissidence entre les contagionistes et les non-contagionistes, elle est facile à expliquer; la morve aiguë peut se développer d'une manière lente *avec les apparences chroniques*, et Bouley cite une observation dans laquelle la morve aiguë lente a été saisie à son début. L'erreur des contagionistes provient de ce que, dans leurs expériences, ils ont confondu cette morve aiguë lente avec la véritable morve chronique.

Les faits de contagion observés étant assez rares, cette hypothèse est encore admissible.

Pour expliquer la transformation de la morve chronique en morve aiguë, Bouley n'est pas embarrassé.

« Nous ignorons, dit-il, comment s'élabore le virus
« morveux dans la trame nutritive; mais nous
« savons que tout ce qui concourt à vicier les actions
« organiques, comme le travail outré, l'alimentation
« insuffisante, etc., nous savons que toute cause d'épui-
« sement et d'altération de la nutrition peut mettre
« l'économie dans les conditions où le virus se forme.

« Or, quelle cause peut exister plus active d'épuise-
« ment et d'altération des mouvements nutritifs que
« la morve chronique, soit qu'elle détermine par le
« nez une sécrétion indiscontinuée du liquide puru-
« lent, soit qu'elle mette obstacle par les altérations
« du poumon à l'intégrité des fonctions respiratoires,
« soit qu'enfin elle imprime à l'organisme un tempé-
« rament nouveau, au sang une nouvelle diathèse.
« Cette régénération du virus pourra être d'autant
« plus rapide que l'animal morveux sera soumis à un
« travail plus pénible et mis dans de plus mauvaises
« conditions hygiéniques ».

Il faut avouer que les faits de la clinique paraissent d'accord avec cette explication. Ainsi cette morve chronique, qui est la conséquence et la preuve de la guérison de la morve aiguë peut aussi être la cause de l'apparition de cette maladie ; elle présente quelque analogie avec le sabre de M. Prudhomme, qui sert à défendre les lois et, au besoin, à les combattre.

La conclusion de ce travail c'est que la morve chronique qui n'est pas contagieuse, doit dans la pratique, être considérée comme contagieuse.

Un enseignement purement dogmatique devait avoir pour résultat de détruire chez beaucoup d'élèves toute initiative, et les empêcher de produire plus tard des œuvres utiles; il éloignait aussi de notre profession des hommes à esprit indépendant qui lui auraient fait honneur.

Quelques professeurs évitaient cet inconvénient. Leur enseignement restait plus *empirique* (en prenant ce mot dans son bon sens). Ils discutaient peu, généralisaient à peine, mais observaient avec soin, et expérimentaient beaucoup. C'est ainsi qu'à Lyon, Rey, dans son enseignement clinique se faisait en chirurgie le propagateur des pansements avec le sulfate de cuivre et le sublimé corrosif, dont le mode d'action ne devait être connu que tout récemment.

J'ai pu assister à la fin de cet antagonisme entre les deux modes d'enseignement.

Après avoir entendu dans une École un maître passant presque sous silence les travaux antérieurs, s'efforcer d'inculquer aux élèves ses idées personnelles au moyen d'affirmations comme celles-ci : « Il est absolument cer-« tain que..... « Il est parfaitement démontré que... », j'ai suivi dans une autre les leçons d'un maître, s'attachant à faire d'abord un exposé méthodique des diverses hypothèses émises sur le sujet traité, avec un résumé des raisons invoquées pour ou contre chacune d'elles, et disant aux élèves comme conclusion : « Dans l'état « actuel de nos connaissances, voici maintenant quelle « est la théorie qui me paraît la plus vraisemblable ».

Dieu merci, nos professeurs maintenant ne sont plus des autoritaires ; sachant bien que la science d'aujourd'hui n'est plus la science d'hier, et n'est pas encore la science de demain, ils admettent que leurs théories peuvent être critiquées, et qu'elles doivent être modifiées lorsqu'elles sont en désaccord avec les faits bien observés.

Un pareil résultat ne pouvait être obtenu sans luttes, elles furent souvent très passionnées ; pour s'en faire une idée, il suffit de lire les journaux professionnels de l'époque et les procès-verbaux des séances de notre Société.

Parmi les praticiens qui observaient des faits en contradiction avec les théories, il en est qui avaient conservé leur indépendance; ils publiaient ces faits; à leur tête se trouvaient des hommes comme Barthélemy, Urbain Leblanc, qui n'hésitaient pas à attaquer les doctrines anti-contagionistes. Ce fut surtout à l'occasion de la morve, de ses causes, de sa contagion, que les discussions furent plus vives et plus ardentes. Il faut remarquer qu'alors, comme dans presque toutes les discussions scientifiques, ce furent les partisans de l'erreur qui se montrèrent les moins patients et les plus irascibles. La cause des praticiens était la bonne; elle devait triompher. Un jour vint où il fallut reconnaître les propriétés contagieuses de la morve chronique; Renault, le maître, si bien animé pourtant du véritable esprit scientifique, ne put jamais s'y résoudre, ce fut Henri Bouley qui le fit (1); et, pour sauver la situation, il eut recours à l'une de ces phrases à effet comme il savait en trouver : « La matière animale, dit-« il, est mobile et changeante de soi », c'est-à-dire la morve chronique non contagieuse, peut se transformer en morve aiguë et devenir alors contagieuse. L'expression, empruntée à Montaigne, était jolie et devait avoir du succès, c'est que nous sommes toujours les descendants de ces Gaulois, amoureux des beaux discours, nous dit Tacite; lorsque nous sommes en présence d'une difficulté, si nous trouvons une jolie formule pour l'exprimer, nous sommes aussi heureux que si nous avions trouvé la solution. Aussi l'explication de Bouley

(1) Rapport au Tribunal d'Avallon par H. Bouley et Delafond. In *Recueil de Médecine vétérinaire*, 1842, page 827.

devait-elle avoir dans le monde vétérinaire plus de retentissement que les expériences du professeur Saint-Cyr donnant la preuve scientifique de la contagion de la morve chronique.

A mesure que les praticiens multiplient leurs publications, le défaut de toutes les théories apparaît. Trousseau va détruire les belles classifications pathologiques en disant qu'il n'y a pas des pneumonies différentes, mais des malades de tempéraments différents; Amédée Latour définit la thérapeutique : « Une inutile histoire naturelle; » mais il ne suffit pas de détruire, il faut édifier quelque chose à la place, et les praticiens abandonnés à eux-mêmes ne le peuvent pas. Aussi le commencement de la seconde moitié du XIXe siècle est-il l'époque du scepticisme et de l'indifférence. Du reste, à divers points de vue, cette période de l'histoire de notre pays ressemble au règne de Louis XV : pendant que les classes riches, devenues incrédules en tout, s'abandonnent aux plaisirs, il se trouve des hommes qui continuent quand même à étudier et à travailler sans se préoccuper du peu d'attention accordé à leurs efforts. C'est alors que se crée la physiologie vétérinaire, que la zootechnie sans cesser d'être pratique, commence à s'appuyer sur une base réellement scientifique, que de grands progrès sont réalisés dans la biologie des parasites de nos animaux domestiques, etc., etc. Les vétérinaires praticiens publient dans nos journaux professionnels des observations qui prouvent leur sagacité et dont les détails exposés avec soin pourront plus tard être invoqués pour prouver la justesse des nouvelles théories.

Cette persistance de l'ardeur pour le travail dans de

pareils moments ne doit pas nous étonner. Pour les hommes adonnés aux travaux intellectuels, il existe, en effet, une passion qui leur est spéciale et qui les fait vivre; cette passion diffère de l'amour de la gloire et de l'ambition; il serait plus exacte de la définir : *l'amour de l'inconnu;* c'est une véritable lutte contre l'inconnu dont les triomphes intérieurs leur procurent des sensations ignorées des autres hommes.

La discussion entre MM. Pasteur et Pouchet sur la génération spontanée devait être le point de départ d'une véritable transformation de la médecine. J'étais élève au Lycée Louis-le-Grand lors de la défaite des spontanéistes, je me souviens parfaitement qu'à la fin de chaque leçon d'histoire naturelle, nous allions demander à notre professeur le récit des expériences faites par les deux adversaires. Semblables à ces enfants qui se passionnent pour les contes de fées et qui, tous les soirs, avant de se coucher, disent : « Grand'mère, racontez-nous encore le *Petit Chaperon rouge* », nous redemandions chaque fois le récit de la célèbre expérience relative à l'infusion de plantes enfermée dans un ballon de verre à col recourbé. Avec une patience inaltérable, notre professeur, l'excellent M. Lechat, recommençait l'explication; mais il ne paraissait pas convaincu, et, avec notre ardeur juvénile, nous nous efforcions de lui faire partager notre admiration.

Vous comprendrez sans peine que, cinq années plus tard, lors de mon entrée à l'École d'Alfort, je montrais peu d'ardeur à apprendre les vieilles théories pathologiques qui y étaient encore enseignées. Aussi ai-je gardé d'une façon très nette le souvenir du sentiment d'enthousiasme avec lequel j'ai lu, deux ans plus tard, dans le numéro de juin 1869 du *Recueil*, le travail de M. Chauveau sur l'*Isolement des corpuscules solides qui constituent les agents spécifiques des humeurs virulentes. Démonstration directe de l'activité de ces corpuscules.*

3° THÉORIE MICROBIENNE

Les événements de 1870 devaient produire un grand changement dans l'opinion publique; après les désastres de la guerre, tout le monde comprend en France que, s'il est permis de rire de tout, il faut toujours aimer et respecter la patrie; nous voyons les auteurs d'opéras comiques changer leur genre et mériter d'entrer à l'Académie française pendant que les mêmes personnes qui avaient applaudi aux bouffonneries de la *Grande Duchesse* ou de la *Belle Hélène* lisent avec émotion les pages de l'*Abbé Constantin*. De toutes parts, on se remet avec ardeur au travail. Les appels adressés aux vétérinaires par MM. Bouley et Sanson ne pouvaient passer inaperçus. C'est alors que notre Société, modifiant son organisation première, se consacre uniquement à l'étude des questions scientifiques. Je crois qu'il n'y a plus personne aujourd'hui pour lui adresser un reproche à cet égard.

Vous savez quels progrès ont été réalisés dans la chirurgie et la médecine des animaux domestiques.

Voici comment on peut résumer les théories actuelles : presque toutes, sinon toutes les maladies sont contagieuses. Déterminées par la multiplication d'êtres microscopiques qui se développent dans le corps, se nourrissent à ses dépens et déterminent un empoisonnement en le saturant des résidus de leur alimentation, elles ne se développent *jamais spontanément*.

Quelques-uns de ces microbes viennent du dehors (*Contagion*), d'autres existent presque toujours dans le corps des animaux et sont habituellement inoffensifs; dans certaines conditions ils se développent plus abondamment et acquièrent alors une vitalité plus grande qui rend plus dangereux leurs résidus (*auto-infection*). La thérapeutique préventive consiste à détruire les microbes partout où on le peut et à entretenir l'organisme dans des conditions hygiéniques telles qu'il ne constitue plus un terrain favorable à leur développement. Quant à la thérapeutique curative, elle consiste d'abord à détruire les microbes qui ont envahi l'organisme, puis à combattre l'empoisonnement qu'ils déterminent en même temps que l'on s'efforce d'éliminer les poisons qu'ils ont laissé dans l'économie.

Vous connaissez le rôle important rempli par Bouley lors de cette transformation de notre médecine; vous savez avec quelle bonne volonté il s'est fait le vulgarisateur des idées nouvelles; vous avez apprécié comme elle le méritait, l'ardeur avec laquelle il a mis toute son influence scientifique au service de la cause du progrès. Si nous lui devons beaucoup pour cela, nous le reconnaissons hautement, c'est pourquoi, tout à l'heure, sans craindre de diminuer en quoique ce soit sa grande réputation, j'ai pu me permettre d'insister un peu sur les erreurs de ses débuts.

Pour se faire une idée du progrès accompli et des évolutions successives des théories médicales, il faut lire tout ce qui a été écrit sur les affections charbonneuses. Au début, à l'époque de la *superstition*, ces maladies, confondues avec toutes les autres causes de grande mortalité, sont appelées le mal sacré, *Ignis sacer;* pour en diminuer les ravages, on a recours aux prières, aux processions ou à des moyens plus dangereux qu'utiles, comme l'enfouissement des cadavres à l'entrée de l'étable contaminée; peu à peu la pratique permet de faire des remarques utiles : d'abord on s'aperçoit que les maladies avec suppuration sont moins graves que les autres, et l'on cherche alors par tous les moyens à obtenir une suppuration abondante; c'est alors que la méthode *empirique* commence à se propager et que l'on applique des sétons, des trochisques aux malades, puis on constate que ce traitement donne de meilleurs résultats lorsqu'il est appliqué avant l'apparition des premiers symptômes.

Tout récemment, les expériences du professeur Bouchard (1) ont mis en évidence l'antagonisme qui existe entre le bacille charbonneux et celui de la suppuration. Ceci nous amène à supposer que Gilbert (2) avait peut-être raison de préconiser l'emploi préventif des trochisques; que Chabert et ses élèves, envoyés en mission lors d'épizooties charbonneuses, ont peut-être sauvé bien des animaux de cette façon, en saturant à l'avance leur organisme avec les toxines de la suppura-

(1) *Éloge de Chabert*, par Paul Cagny, séance du 23 octobre 1890 de la Société centrale de médecine vétérinaire.

(2) *Recherches sur les causes des maladies charbonneuses dans les animaux; leurs caractères, les moyens de les combattre et de les prévenir*, par F.-H. Gilbert, professeur vétérinaire, 1795.

tion et en les mettant ainsi préventivement dans des conditions telles qu'ils devenaient réfractaires au charbon.

En même temps, on commence à restreindre le nombre des affections confondues avec le charbon ; un nouveau progrès *empirique*, beaucoup plus important, est celui de la connaissance des conditions d'alimentation dans lesquelles ces maladies apparaissent le plus souvent et dans le soin avec lequel on évite de faire pâturer les animaux sur les *champs maudits*. Aujourd'hui nous sommes dans la période *scientifique*, l'expression charbon ne désigne plus que deux affections causées par deux bacilles différents, et vous connaissez toute la valeur pratique des inoculations faites préventivement avec des virus atténués.

Il faut remarquer que les théories nouvelles et la thérapeutique qui en est la conséquence, ne sont pas en désaccord avec les enseignements de la pratique, et c'est ce qui les justifie.

De tous temps, on a cru que dans les maladies le sang a besoin d'être épuré, qu'il est chargé de crasse que l'on s'efforçait de lui enlever au moyen de sudorifiques, de purgatifs, de diurétiques. Depuis Hippocrate on a constaté les bons résultats de ces remèdes lorsqu'ils peuvent déterminer une *crise qui juge*, c'est-à-dire termine *la maladie*.

Sans connaître les microbes, les vétérinaires cherchaient à protéger les plaies au moyen de la térébenthine, de la teinture d'aloès; ils employaient des antiseptiques comme les sels de cuivre, le sublimé corosif, l'arsenic; les onguents mercuriels, qualifiés de *fondants* faisaient disparaître certaines tumeurs parce qu'ils détruisaient les germes qui en étaient la cause. Un des onguents les plus recommandés s'appelait l'*Onguent de Vieux Oing*, on le préparait suivant les règles adoptées aujourd'hui dans les laboratoires pour la stérilisation des bouillons de cultures; l'axonge recueillie avec soin, était soumise à plusieurs ébullitions successives et placée ensuite dans des vases bien fermés que l'on enfouissait sous terre.

C'est à propos de la gourme que les vétérinaires ont trouvé la première application de la *Méthode des inoculations préventives* (1).

Nous avons donc beaucoup à apprendre en relisant avec soin tout ce que nous ont laissé nos prédécesseurs, dont les explications pouvaient être erronées, mais dont les observations conservent toute leur valeur. Des générations successives ont travaillé pour accumuler des matériaux dont nous pouvons tirer aujourd'hui un bon parti; parce que ces matériaux ne sont pas toujours bien préparés, gardons-nous de les repousser dédaigneusement.

En m'exprimant ainsi, je m'expose peut-être à être taxé de partialité pour nos prédécesseurs, et pour employer une de ces expressions recherchées, dont ils abusaient, à être appelé : *Laudator temporis acti*. Je crois les juger sainement; sous prétexte qu'ils ont commis des erreurs, il serait maladroit de rejeter tout ce qu'ils ont fait, et puis ces erreurs sont dues surtout à l'état scientifique de leur époque, et toutes les critiques que nous pourrions faire maintenant à ce sujet, ne remédieraient à rien.

---

(1) Paul CAGNY, *Précis de thérapeutique vétérinaire*. Baillière, Paris 1891.

Mais nous devons nous souvenir des parties défectueuses de leurs œuvres pour nous garder d'en commettre à notre tour de pareilles; sur ce point je me crois autorisé à adresser, aujourd'hui en votre nom un avertissement à nos travailleurs.

Divers signes me font penser, en effet que nous allons entrer dans une de ces périodes de notre histoire, où l'imagination pure joue un trop grand rôle; après avoir abusé du réalisme, notre littérature devient *suggestive*, et notre peinture *impressionniste*. et déjà nous voyons nos chercheurs, dans leur précipitation, tirer de leurs expériences des conclusions prématurées. Pour les prévenir, je ne saurais mieux faire que de reproduire ces paroles de celui qui a fondé la microbiologie : (1)

« Cet enthousiasme que vous avez eu dès la première « heure, gardez-le, mes chers Collaborateurs, mais « donnez-lui pour compagnon inséparable un sévère « contrôle. N'avancez rien qui ne puisse être prouvé « d'une façon simple et décisive. Ayez le culte de « l'esprit critique. Réduit à lui seul, il n'est ni un « éveilleur d'idées, ni un stimulant de grandes choses. « Sans lui tout est caduc. Il a toujours le dernier mot. « Ce que je vous demande là et ce que vous demanderez à votre tour aux disciples que vous formerez « est ce qu'il y a de plus difficile à l'inventeur. Croire « que l'on a trouvé un fait scientifique important, « avoir la fièvre de l'annoncer et se contraindre des

(1) L. Pasteur. Discours prononcé le jour de l'inauguration de l'Institut Pasteur. In *Gazette médicale de Paris*, 17 novembre 1888.

« journées, des semaines, parfois des années à se com-
« battre soi-même, à s'efforcer de ruiner ses propres
« expériences, et ne proclamer sa découverte que
« lorsqu'on a épuisé toutes les hypothèses contraires.
« oui, c'est une tâche ardue. Mais quand, après tant
« d'effort, on est enfin arrivé à la certitude, on éprouve
« une des plus grandes joies que puisse ressentir l'âme
« humaine, et la pensée que l'on contribuera à l'hon-
« neur de son pays rend cette joie plus profonde encore.
« Si la Science n'a pas de patrie, l'homme de science
« doit en avoir une, et c'est à elle qu'il doit reporter
« l'influence que ces travaux peuvent avoir dans le
« monde ».

Pour terminer, Messieurs, permettez-moi une comparaison, empruntée aux choses de l'agriculture. L'héritage qui nous a été laissé par nos prédécesseurs, ne se compose pas de pièces d'or et d'argent capables de donner un produit immédiat, mais dont la valeur diminue à mesure que nous y touchons ; non, il se compose de terres, de prés et de bois, dont nous pouvons, sans l'anéantir, obtenir un produit annuel. Exploitons ces terres, ces prés et ces bois avec les moyens perfectionnés dont nous pouvons disposer, de façon à en tirer le meilleur revenu sans en altérer la fertilité. Dans les campagnes, par exemple, on a l'habitude d'appliquer sur les contusions du cheval, un emplâtre composé d'argile ou de craie délayées avec de l'eau et du vinaigre; cette méthode de traitement, pour n'être pas classique, n'en donne pas moins de bons résultats dans la pratique. Des expériences récentes de Unna et de Salvator ont prouvé que sur la peau les applications de corps pulvérulents comme l'argile, déterminent un refroidissement local. Nous connaissons donc maintenant le mode d'action de ces emplâtres, faisons de même pour tous les remèdes populaires, cherchons comment et dans quelles circonstances ils agissent. Ce sera la meilleure manière de prouver notre respectueuse reconnaissance pour ceux qui ont travaillé avant nous, nous aurons en même temps la satisfaction de participer, nous aussi, au progrès scientifique général, et de contribuer pour une plus forte part à la prospérité de notre agriculture et à la grandeur de notre Patrie.

NOTES ADDITIONNELLES

(*Note additionnelle N° 1*).

Temple d'Esculape (1).

Le Temple d'Halatte date probablement de Vespasien. On y a trouvé plus de 200 pièces constituant des *ex-voto*. Ce sont des statuettes représentant la personne qui fait la dédicace ou, le plus souvent, la partie malade dont la guérison a été obtenue. La plupart de ces statuettes en pierre ont dû être faites par les malades ou leurs parents et n'ont aucune valeur artistique ; quelques-unes ont été faites par des sculpteurs. On y trouve une douzaine d'enfants au maillot; la plupart des pièces sont relatives à des affections des testicules. Il y a environ une quarantaine de pièces relatives aux animaux : un pied de bœuf grandeur naturelle, une tête de chien, des chevaux, porcs et bœufs. (*Voir les figures*, p. 40). Parmi les objets en bronze, on a trouvé une feuille de sauge et un cautère.

Des temples analogues ont été découverts antérieurement dans la Côte-d'Or, à Saint-Seine et à Essarois.

(1) Note sur un temple romain découvert dans la forêt d'Halatte, lue à la réunion des Sociétés savantes à la Sorbonne, le 9 avril 1874, par Amédée de Caix de Saint-Aymour.

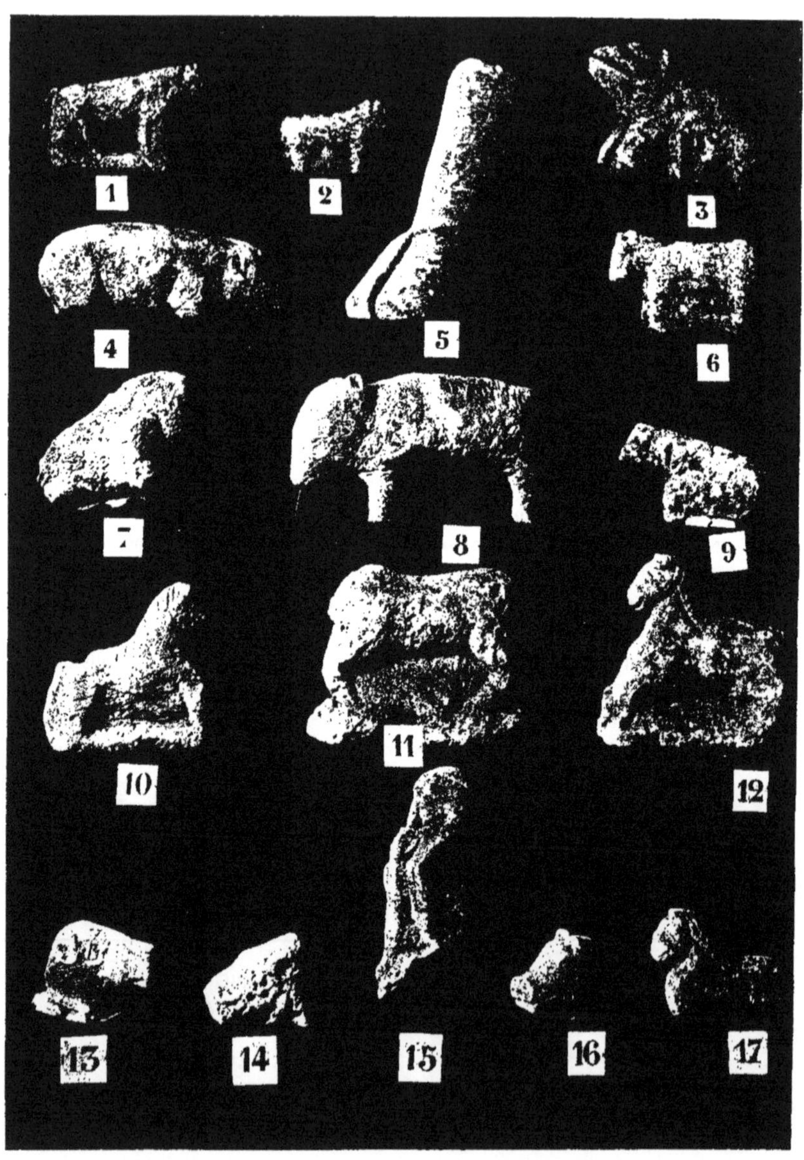
1
2
3
4
5
6
7
8
9
10
11
12
13
14
15
16
17

LÉGENDES EXPLICATIVES DES DESSINS CI-CONTRE

Représentant quelques ex-votos vétérinaires du Temple d'Esculape (1).

Nos 1, 2, 6. — Bœufs.

No 5. — Pied de bœuf de grandeur naturelle, la division des phalanges est bien marquée à partir du boulet à la face postérieure.

Nos 3, 4, 8, 9. — Porcs.

No 11. — Cheval atteint d'une lésion du membre antérieur gauche.

No 13. — Tête de chien.

Nos 7, 10, 12, 14, 15, 16, 17. — Débris de statuette représentant des chevaux.

(1) D'après une photographie de M. E. de Rozycki.

(*Note additionnelle N° 2*).

Erreurs de la maréchalerie (1).

Les uns ont avancé que le cheval n'avait point de cerveau ; les autres que la lune avait des influences sur le corps du cheval et qu'elle était la source de plusieurs maladies. D'autres ont prétendu qu'il y avait dans le cheval un ver qui s'étend depuis la tête jusqu'à la queue, que le ver est la cause d'une infinité de maladies et ont conseillé de mettre au-dessus du toupet, des pointes de feu pour le brûler et l'empêcher de gagner le cerveau. D'autres ont recommandé, pour guérir du farcin, d'attacher au crin du cheval, avec de la ficelle neuve, deux onces d'arsenic, enveloppés dans de la toile crue ; d'enlever les glandes de la ganache, quand un cheval est morveux ; de prendre les glandes parotides ou avives, dans les coliques et de les arracher avec des tenailles pour substituer du sel dans les trous. D'autres ont dit que la morve est un vieux rhume qui pénètre jusqu'au cerveau, la cervelle se congèle de façon que le cheval ne peut respirer. Beaucoup considèrent comme très dangereuse la piqûre de la musaraigne. Dans la fourbure on serre fortement les jambes du cheval avec des liens de paille ou un ruban pour empêcher la fourbure de descendre dans le sabot, comme si la fourbure était un animal qui court dans le corps du cheval. Dans certaines maladies où le cheval est triste et abattu, on verse dans l'oreille du beurre frais ou de l'huile d'amandes douces, etc., etc.

---

(1) *Guide du Maréchal*, par Lafosse, maréchal des petites écuries du roi.— 1792.

(*Note additionnelle N° 3*).

Condamnation à mort d'une truie (1).

A tous ceulx qui ces présentes lettres verront, Jehan Lobry, notaire royal et procureur au Bailliage et siège Presidial de Senlis, bailli et garde de la Justice et Seigneurie de Saint-Nicolas-d'Acy, lès ledit Senlis, pour Messieurs les Religieux, Prieur et Couvent dudit lieu, salut :

Scavoir faisons, vu le procès extraordinaire fait à la requeste du Procureur de la Seigneurie dudit Saint-Nicolas, pour raison de la mort advenue à une jeune fille âgée de quatre mois ou environ, enfant de Lyenard Darmeige et Magdelaine Mahieu sa femme, demourans audit Saint-Nicolas, trouvée avoir été mangée et dévorée en la tete, main senestre et au-dessous de la mamelle dextre par une truye ayant le museau noir, appartenant à Louis Mahieu, frère de ladite femme et son prochain voisin, le procès-verbal fait de la visitation dudit enfant en la présence de son parain et de sa maraine qui l'ont recogneu, les informations faites pour raison dudit cas, interrogatoires desdits Louis Mahieu et sa femme avec la visitation faite de la ditte truye à linstant dudit cas advenu, et tout considéré en conseil, il a été conclud et advisé par Justice que pour la cruauté et férocité commise par la ditte truye, elle sera exterminée par mort et pour ce faire, sera pendue par lexécuteur de la haute Justice en ung arbre estant dedans les fins et mettes de la ditte Justice, sur le grand chemin tendant de Saint-Firmin audit Senlis, en faisant deffense à tous habitans et subjets des terres et seigneuries dudit Saint-Nicolas, de ne plus laisser échapper telles et semblables bestes sans bonne et sure garde, sur peine damende arbitraire et de pugnition corporelle s'il y échoit. Sauf et sous préjudice à faire droit sur les conclusions prinses par ledit Procureur à lencontre desdits Mahieu et sa femme et qu'il pourra faire cy après à lencontre desdits Lyenard Darmeige ainsi que de raison. En tesmoing de quoy nous avons scellé ces présentes du scel de la ditte Justice. Ce fut fait le Jeudi vingt-septième jour de Mars mil cinq cent soixante et sept et exécuté ledit jour par lexécuteur de la haute justice dudit Senlis (1).

---

(1) Notes historiques sur le prieuré de Saint-Nicolas-d'Acy, par M. l'abbé Vattier, dans les Comptes rendus et Mémoires du Comité archéologique de Senlis, année 1886, pages 5 et 6.

(*Note additionnelle N° 4*).

Les maladies des oiseaux de proie (1).

Les 4 Éléments.	Le Feu.	L'Air.	L'Eau.	La Terre.
Les 4 Qualités d'iceux.	la Chaleur parfaite, avec la sécheresse imparfaite.	l'Humidité parfaite, avec la chaleur imparfaite.	La Froideur parfaite, avec l'humidité imparfaite.	La Sécheresse parfaite, avec la froidure imparfaite
Les 4 Humeurs correspondantes à icelles.	La Colère chaude et sèche.	Le Sang humide et chaud.	Le Flegme froid et humide.	La Mélancolie sèche et froide.
Les 4 Saisons.	L'Été chaud et sec.	Le Printemps humide et chaud.	L'Automne froid et humide.	L'Hyver sec et froid.
Les 4 Maladies principales.	Le Rheume.	La Chirargre.	Le Mal subtil.	La Croye
Les 4 Oyseaux.	Le Lanier.	Le Sacre.	Le Faucon.	Le Gerfaut.
Les 4 Parties dangereuses.	La Teste.	Les Mains.	La Mulette.	Les Boyaux.

La chirargre ou goutte désigne, non seulement les gales des pattes, mais toutes les blessures causées par le mode d'attache. Le mal subtil ou phtisie

(1) *La Fauconnerie*, de Charles d'Arcussia, de Capre, seigneur d'Esparron, de Pallières et de Reveste en Provence. Rouen, 1644.

désigne toutes les maladies caractérisées par le dépérissement général. Par la croye ou crotte, il faut comprendre les affections intestinales avec diarrhée. Les mains sont les pattes de l'oiseau.

Voici quelques passages de plusieurs chapitres de *La Fauconnerie*, j'ai seulement modifié l'orthographe. Les pennes sont les plumes :

Chap. XXIV. — De la mulette empelotée et de l'oyseau qui s'efforce ne pouvant curer.

Il faut abattre l'oiseau à la renverse et lui séparer dextrement les deux cuisses puis lui tondre le menu plumage et le duvet au droit de la mulette, et, d'un couteau pointu et bien tranchant, il faut le fendre en long et non comme on fait les coqs quand on les chaponne. Cette ouverture doit être au droit de la mulette, laquelle il faut prendre avec des pincettes à bec. Ainsi il faut l'ouvrir et lui faire une fente, en sorte que d'un petit fer crochu on puisse tirer tout ce qui est dedans ladite mulette. Ce qu'ayant fait, il faut promptement coudre la mulette avec de la soie cramoisie, puis coudre aussi la première fente, menant sagement l'aiguille, et, par ce moyen, l'oiseau sera guéri. Après oignez la couture avec de l'huile d'olives sans faire autre chose.

Chap. XXXV. — Des trois moyens d'accommoder les pennes de nos oyseaux quand elles ne sont du tout rompues.

C'est au moyen de fil et d'aiguille.

Chap. XXXVI. — Pour enter les pennes du tout rompues.

Nous avons un autre moyen pour enter, c'est que, coupant la penne en tuyau, nous prenons une semblable penne, et mettant un tuyau dans l'autre, nous faisons tenir cette ente avec de bonne colle. Seulement, pour bien enter, si c'est un faucon, il faut avoir des ailes d'un autre faucon, et ainsi des autres.

Chap. XXXVII. — Comme vous pouvez mettre une queue de lanier à un faucon ou à un autre oyseau.

Il faut avoir une carte de tarot assez grande et la fendre, après vous passerez toute la queue de l'oiseau dedans, j'entends les douze grandes pennes ; puis vous prendrez de semblables pennes par rang, et, coupant celles de votre oiseau, vous enterez les autres par ordre, commençant par les côtés jusqu'aux deux couvertes. Il faut couper les pennes de biais comme une flûte et que la pointe des cinq pennes soit en dehors de chaque côté, quant aux deux couvertes, vous les couperez hautes, rondes par le bout : par ce moyen, la queue sera plus serrée et mieux en son lieu.

(*Note additionnelle N° 5*).

Projet de travaux pour étudier les effets du sel dans les animaux et en perfectionner l'usage (1).

On voit par ce qui précède qu'on n'a que des données générales sur les effets du sel administré aux animaux domestiques. S'il paraît certain, d'après l'expérience, qu'il produit des effets salutaires sur plusieurs d'entre eux, on ne sait pas précisément jusqu'où ces effets peuvent l'être sur d'autres animaux, et l'on est, à cet égard, totalement dénué de renseignements. On ignore si le sel est nécessaire aux volailles, aux canards, aux poissons, aux chiens comme aux chats.

En suivant la marche que nous avons tracée, on peut sans doute profiter de tous les avantages que procure l'administration de cette substance et même les confirmer de plus en plus ; mais, il faut en convenir, cette conduite est insuffisante pour parvenir aux connaissances exactes qu'il est possible d'avoir sur cet objet, et il faut nécessairement se livrer à des expériences particulières faites sur chacune des espèces que nous considérons.

Voici celles auxquelles je me livrerais si j'étais à portée de le faire :

Je prendrais, parmi l'espèce sur laquelle je voudrais faire des essais, des mâles, des femelles, des animaux hongres ; j'en aurais deux de chaque sexe pour les soumettre à ces essais et deux pour terme de comparaison ; je déterminerais le poids des uns et des autres ; j'en observerais et j'en noterais soigneusement toutes les habitudes ; je m'assurerais de la quantité et de la nature de leur appétit, de ce qu'ils mangent ; je les soumettrais tous à la même espèce nourriture.

Ces préléminaires achevés, je reconnaîtrais la qualité du sel marin dont je me proposerais de faire usage, et je l'emploierais aussi purifié que faire

---

(1) *De l'usage économique du sel marin ou de cuisine dans les animaux domestiques*, par Flandrin, directeur adjoint, professeur d'anatomie à l'École vétérinaire d'Alfort, 1793.

se pourrait, à moins que les animaux ne le mangeassent mieux tel qu'on le retirerait du commerce; dans ce cas, je connaîtrais du moins la nature des substances avec lesquelles il serait mélangé et le degré du mélange.

Je séparerais les animaux destinés à servir de terme de comparaison de ceux qui feraient le sujet de mes expériences.

Je présenterais à ceux-ci du sel à discrétion; j'en ferais de même à l'égard de la boisson; je m'assurerais préalablement de la quantité de sel et de boisson que je leur donnerais.

J'examinerais chaque jour les différentes excrétions, principalement celles des urines et des excréments, et j'en recueillerais, s'il était possible, pour en examiner la nature, pour reconnaître ce qu'elles contiennent de matières extractives.

Je soumettrais ces diverses extractions et les parties animales aux travaux chimiques propres à faire distinguer la quantité de sel qu'elles renferment.

Je continuerais ces expériences pendant tout le temps nécessaire pour constater les bons ou mauvais effets du sel relativement à l'engrais, à la gestation, à son utilité pour diminuer la quantité de la nourriture.

Je m'assurerais par d'autres essais de la quantité de sel que mangent les animaux lorsqu'il est combiné avec les aliments, et si cette quantité est plus considérable que celle qu'ils mangent lorsqu'il est donné pur et à discrétion.

Dans le cas où cette quantité serait plus grande, je citerais également les effets qui en résulteraient, comme je l'ai proposé relativement à l'usage du sel pur donné à discrétion.

Je comparerais les effets du sel dans les animaux nourris au vert et dans ceux nourris au sec, sous les divers rapports que j'ai indiqués. Je m'assurerais de la plus grande quantité de sel que peuvent supporter les animaux.

J'examinerais à quel point le sel, accompagné seulement de la boisson, maintient les animaux en bon état, gras, et d'ailleurs habitués à l'usage de ce minéral.

Je verrais à quel point il rend substantiels des nourritures qui le sont peu, et s'il prévient les mauvais effets des luzernes, des trèfles, etc. Je remarquerais aussi les effets nuisibles qui résultent de son usage immodéré.

J'étudierais le besoin du sel pour les animaux suivant les saisons, suivant les températures sèches ou humides et suivant l'âge.

Je reconnaîtrais jusqu'à quel degré il supplée à l'usage du lait dans les jeunes sujets.

Je m'assurerais des bons effets du sel en comparant les viscères des animaux que j'aurais soumis aux expériences avec ceux des animaux destinés à servir de point de comparaison; je considérerais ces parties, eu égard à leur état sain ou malade, relativement à leur volume, relativement aux vers dont elles peuvent être le siège.

Je reconnaîtrais comment l'usage du sel préserve de la pourriture les animaux placés dans des lieux et vivant sur des pâturages qui causent cette maladie ; je constaterais si cet usage garantit de la maladie rouge.

J'étudierais encore les effets du sel relativement au goût de la viande, à sa conservation, à son poids spécifique.

Il n'importerait pas moins de s'assurer si la terre et les végétaux des marais salés contiennent du sel, si on peut y en introduire, ou s'il est possible de les en préserver par l'arrosement.

Je suivrais les effets de la terre salée que lèchent les animaux dans certains endroits, et les effets des différents mélanges terreux qu'on leur donne dans d'autres.

Enfin, je répéterais autant qu'il me serait possible, les épreuves et les procédés de tous genres qui sont indiqués dans les auteurs ou qui sont mis en pratique par les agriculteurs regnicoles et étrangers, et je tiendrais des notes exactes et comparatives de toutes mes opérations.

28182 Paris. — Typ. et Lith. A MAULDE et Cᵉ, 144, rue de Rivoli.

www.ingramcontent.com/pod-product-compliance
Ingram Content Group UK Ltd.
Pitfield, Milton Keynes, MK11 3LW, UK
UKHW021947260726
13994UKWH00004B/1583